Pamela Roppel

Geldgeschenke groß in Form

frechverlag

Im frechverlag sind viele weitere Bücher mit tollen Geschenk- und Verpackungsideen erschienen. Hier eine Auswahl:

TOPP 2175

TOPP 2138

TOPP 2176

TOPP 2120

TOPP 2157

TOPP 2156

Zeichnungen: Pamela Roppel
Floristik: Team Blumenhaus K.W. Siefken, Nordenham
Fotos: frechverlag GmbH + Co. Druck KG, 70499 Stuttgart;
Matthias Strupowsky, MSW Werbung GmbH, Nordenham

Dieses Buch enthält:
1 Vorlagenbogen

Auflage: 10. 9. 8. | Letzte Zahlen
Jahr: 2003 2002 2001 2000 1999 | maßgebend

frechverlag GmbH + Co. Druck KG, 70499 Stuttgart

ISBN 3-7724-2286-1 · Best.-Nr. 2286

Druck: frechverlag GmbH + Co. Druck KG, 70499 Stuttgart

Geldgeschenke –

ein oft geäußerter Wunsch und ein vielbehandeltes Thema in zahlreichen Büchern. Mancher fragt sich, ob es da überhaupt noch neue Ideen geben kann.
Geht es doch immer wieder darum, dem zu Beschenkenden Mäuse und Moneten in möglichst origineller Form zu überreichen und den „berühmten" Briefumschlag zu vermeiden.

Ich hoffe, ich kann Ihnen in diesem Buch einige Geschenkideen vorstellen, die Sie in dieser Form noch nicht gesehen haben.

Nicht das Sachgeschenk, mit Geld bestückt, sondern das Geld selbst steht hier im Mittelpunkt. Lassen Sie den Wunsch des Beschenkten durch einfache Faltvorgänge Gestalt annehmen.

Ich wünsche Ihnen viel Erfolg beim Nacharbeiten

Ihre

P. R

Wichtige Arbeitshinweise

Für die meisten Modelle dieses Buches benötigen Sie eine ***Schere***, einen ***Bleistift***, ***Blumendraht*** (samt Zange oder Seitenschneider), Geldscheine und — um Ihre Geldbörse gegebenenfalls zu schonen — ***Brief- oder Schreibmaschinenpapier***.

Die folgenden Anleitungen beziehen sich zum größten Teil auf Scheine deutscher Währung und deren spezifische Gestaltung mit weißem Rand. Da bei den jeweiligen Teilschritten zusätzlich Maße angegeben sind, ist es jedoch kein Problem, auch Scheine anderer Währungen und anderer Größe zu verwenden.
Achten Sie generell darauf, daß beim Aneinanderfügen von Scheinen keine Ränder das gleichmäßige Farbbild stören und die Scheine immer mit ihrer farbigsten Stelle im Sichtbereich verwendet werden.
Die Faltvorgänge auf dem Vorlagenbogen sind so gestaltet, daß Sie den kleinsten benutzten Schein direkt auflegen und die Arbeitsschritte nachvollziehen können. Sollten Sie größere Scheine verwenden, bringen Sie diese durch Umfalten einer Breit- und einer Längsseite auf die Grundgröße des ersten abgebildeten Arbeitsschrittes.

Zum Kleben sollten Sie ausschließlich folgende Materialien verwenden:
Tesafilm, klar, 12 mm breit, und ***Fotokleber*** (erhältlich in Kaufhäusern und Fotogeschäften).
Dadurch ist gewährleistet, daß der Beschenkte das Geld unversehrt entfalten und für den täglichen Zahlungsverkehr wieder nutzen kann. Grundsätzlich gilt sparsamer Gebrauch. Oft reichen kleine Streifen bzw. halbe Kleber aus.
Wenn im Buch von zusammengerolltem Tesafilm die Rede ist, bilden Sie aus einem Tesafilmstreifen, mit der Klebeseite nach außen, eine Rolle. So entsteht eine doppelseitige Klebemöglichkeit für größere Flächen.
Fertigen Sie die Geschenke erst kurz vor dem entsprechenden Anlaß, da sich Tesafilm nach längerer Zeit von selber löst und Ihre Arbeit zunichte machen würde.

Tip: *Sollten Ihnen einige Vorschläge zu teuer sein, können Sie Geldscheine durch farblich passendes Papier ersetzen. Am besten eignet sich Schreibmaschinen- bzw. Briefpapier, da es ungefähr die Stärke eines Geldscheins hat. Schneiden Sie das Papier in der Größe des benötigten Scheins zurecht, und befolgen Sie analog die Arbeitsschritte.*

Die verwendeten Abreibebuchstaben erhalten Sie in Schreibwarengeschäften oder Kaufhäusern. Es gibt sie in verschiedenen Schrifttypen und von verschiedenen Herstellern.
Es empfiehlt sich, die wertvollen Geschenke in Klarsichtfolie zu verpacken. Am effektvollsten wirkt die „Bonbon-Verpackung“, bei der Sie eine Folienröhre bilden und nach Einsetzen des Geschenks die beiden Enden zusammenbinden. So bleibt der Blick auf das Geschenk ungetrübt.

Die Rose

Ein Blumengruß für jeden Anlaß

(Abbildung Seite 6/7)

- *Grüner Strauß: 15 Scheine à 5 DM*
  Lila Strauß: 20 Scheine à 10 DM
  Korb: 14 Scheine à 20 Österreichische Schilling
- *Blumendraht (Ø 1 mm)*

Für eine Rosenblüte benötigen Sie mindestens vier Geldscheine. Fertigen Sie zunächst drei Blütenblätter: Pro Blatt falten Sie einen Schein zur Hälfte, dann beginnen Sie in der Mitte der geschlossenen Seite mit kleinen Faltungen (je 0,5 bis 1 cm Abstand), um ein Oval zu formen.

Tip: *Zeichnen Sie sich als Anhaltspunkt die Form auf der Scheinvorderseite mit Bleistift vor, und knicken Sie den Rand dann immer bis zur Markierung um. Fixieren Sie die gefalteten Ränder mit Tesafilm.*

Achten Sie generell darauf, daß die farbigste Stelle des Scheins später nach außen zeigt; sie muß beim Falten somit unten liegen. Die einzelnen Blütenblätter dürfen ruhig unterschiedlich groß ausfallen. In der Realität sind sie auch nicht alle identisch.

Für die Rosenmitte falten Sie einen Schein der Länge nach zur Hälfte und rollen ihn fest auf.

Die letzten 2 bis 3 cm wickeln Sie etwas lockerer und fixieren das Ende mit Tesafilm.

Befestigen Sie an einer Seite der Rosenmitte ein Blütenblatt mit Tesafilm. Wickeln Sie es mit der „guten" Seite nach innen einmal um das Mittelteil, und fixieren Sie das Ende wieder mit Tesafilm. Biegen Sie jetzt den oberen Teil des Scheins mit den Fingern vorsichtig nach außen, und schon haben Sie ein plastisches Blütenblatt. Wiederholen Sie den Vorgang nun mit den nächsten beiden Blütenblättern, aber jeweils versetzt zu den ersten.

(Fortsetzung Seite 8)

Damit die fertigen Blüten gesteckt oder gebunden werden können, versehen Sie sie mit Blumendraht:

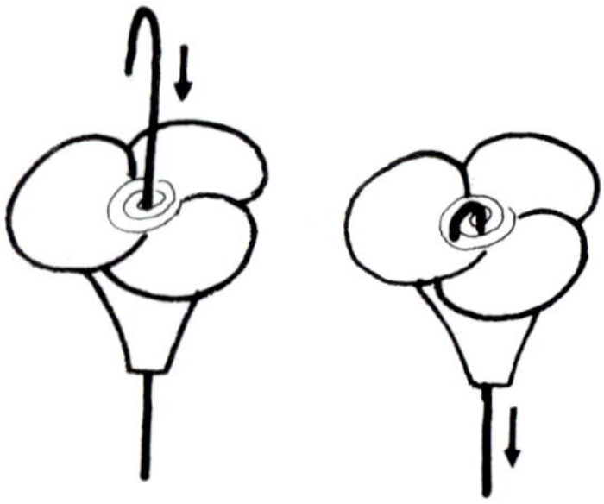

Bringen Sie die Rosen nun zum Einbinden zu einem Blumenladen Ihrer Wahl. Sollten Sie keinen Blumendraht zur Hand haben, übernimmt den letzten Arbeitsschritt auch Ihr Florist.

Tip: *Sollte Ihnen der Gegenwert einer Rose zu hoch sein, können Sie das Mittelstück und das erste Blütenblatt auch aus farblich passendem Papier herstellen. Schneiden Sie das Papier in der Größe der verwendeten Scheine zurecht, und falten Sie es gemäß Anleitung. Für die nachfolgend abgebildete Rose wurde z. B. lila Briefpapier benutzt.*

Falls Sie kein Geld für Blumengestecke ausgeben möchten, können Sie Ihre Rosen auch auf Briefumschlägen und Geschenken zur Geltung kommen lassen.

Geschenk mit Rosen

- *15 Scheine à 10 DM*
- *2 Scheine à 5 DM*
- *Weißes Geschenkpapier*
- *Grünes Dekoband, 4 cm breit*

Briefumschlag mit Rose

- *5 Scheine à 10 DM*
- *2 Scheine à 5 DM*
- *Abreibebuchstaben*
- *Blumendraht (Ø 1 mm)*

Für den Stiel bringen Sie den Schein durch Umknicken der Ränder auf ein 8,5 cm x 2 cm großes Rechteck. Damit sich der Stiel hinterher in die gewünschte Form bringen läßt, befestigen Sie mit Tesafilm ein Stück Draht in der Mitte des Rechtecks. Anschließend rollen Sie den Schein fest auf und fixieren die gesamte Länge mit Tesafilm.

(Fortsetzung Seite 10)

Herzlichen Glückwunsch
zur Silberhochzeit

Für das grüne Blatt falten Sie das linke und das rechte Drittel eines Geldscheins zur Mitte. An dem so entstandenen Rechteck knicken Sie nun die Ränder – wie bei den Blütenblättern, Seite 5, – in kleinen Abständen nach hinten, so daß Sie ein Blatt erhalten. Auch hier empfiehlt es sich, die Blattform vorher mit Bleistift auf der Vorderseite zu skizzieren. Fixieren Sie das Blatt von hinten mit Tesafilm, und knicken Sie es einmal in der Mitte, um die Mittelrispe des Blattes anzudeuten.

Befestigen Sie die Einzelteile auf dem Briefumschlag bzw. dem Geschenk mit Fotoklebern. Den Umschlag können Sie mit Abreibebuchstaben oder von Hand dem Anlaß entsprechend beschriften.

Die Wiege

Zur Geburt oder zur Taufe

- *Dünne Pappe*
- *Blumendraht (Ø 1 mm)*
- *11 Scheine à 10 DM*
- *Abreibebuchstaben*
- *Küchen- bzw. Toilettenpapier*

Übertragen Sie die vier Teile für den Unterbau der Wiege vom Vorlagenbogen auf ein Stück dünne Pappe, und schneiden Sie diese sorgfältig aus. Befestigen Sie den langen Pappstreifen mit Tesafilm am Oval, so daß Sie ein Körbchen erhalten. Kleben Sie einen Schein im Inneren des Körbchens mit Tesafilm fest. Die überstehenden Ränder knicken Sie nach außen um.

Für die Umrandung falten Sie den rechten weißen Rand eines Scheins nach hinten und befestigen diesen mit Fotoklebern auf dem linken weißen Rand eines auf dem Kopf stehenden Scheins. Diesen Scheinstreifen knikken Sie der Länge nach zur Hälfte. Falten Sie nun an der geschlossenen Längsseite nochmals einen 0,5 cm breiten Streifen nach hinten. Hängen

Alles Liebe
zur Geburt
Delf 18.01.

Sie diesen Falz in die Körbchenumrandung ein, und beginnen Sie von der vorderen Mitte aus, den Streifen Stück für Stück mit den Fingern zusammenzuschieben, so daß er sich in kleine Falten legt. Den Innenrand mit Tesafilm fixieren.

Für den Wiegenhimmel setzen Sie wie bei der Körbchenumrandung zwei Scheine aneinander. Diesen Streifen falten Sie in ca. 0,8 cm großen Abständen der Länge nach zu einer Ziehharmonika. Umwickeln Sie den kurzen Pappstreifen mit einem Geldschein, und befestigen Sie ihn mit Fotoklebern von innen an der hinteren Mitte des Körbchens. Knicken Sie den Streifen am oberen Ende um, und fixieren Sie dann mit zusammengerolltem Tesafilm den Wiegenhimmel. Die beiden hinteren Längsseiten des Himmels verbinden Sie der Länge nach mit Tesafilm. Den Wiegenunterbau falten Sie gemäß Abbildung und umwickeln ihn mit einem Geldschein. Achten Sie auf einen gleichmäßigen Überstand auf beiden Seiten. Am runden Ende beginnend, knicken Sie den Überstand über die Seiten bis zum oberen Rand um und fixieren ihn mit Tesafilm.

Für die Wiegenfüße wickeln Sie zwei Scheine der Breite nach fest auf. Befestigen Sie auch hier vorher in der Mitte der Scheine ein Stück Draht mit Tesafilm. Biegen Sie die fertigen Rollen zu Wiegenfüßen. Befestigen Sie diese mit Fotoklebern an dem Unterbau. Diesen wiederum fixieren Sie mit zusammengerolltem Tesafilm mittig an der Körbchenunterseite.
Die Decke und das Kissen fertigen Sie entsprechend der Anleitung für das Kissen auf Seite 19. Die Rechtecke für das Kissen und die Decke haben eine Größe von 3,5 cm x 8 cm bzw. 4 cm x 9 cm. Decke und Kissen befestigen Sie mit zusammengerolltem Tesafilm im Körbchen.
Sollte Ihre fertige Wiege nicht geradestehen, biegen Sie die Wiegenfüße etwas runder bzw. flacher. Dann setzen Sie die Wiege mit Fotoklebern z. B. auf den Briefumschlag Ihrer Glückwunschkarte und beschriften diesen entweder von Hand oder mit Abreibebuchstaben.

Tip: *Ihr Geschenk wirkt besonders persönlich, wenn Sie zusätzlich zum Glückwunsch den Namen und das Geburtsdatum des Kindes auf dem Umschlag vermerken.*

Der Geldblock

Zur Konfirmation oder zum Geburtstag

- *Dicke Pappe*
- *Geldscheine einer Sorte nach Wahl (mindestens 10 Stück)*
- *Buchbinderleim*
- *1 Bogen Glanz- bzw. Lackkarton*
- *Abreibebuchstaben*

Schneiden Sie ein Stück Pappe in der Größe der benutzten Geldscheine zurecht. Für den Geldblock benötigen Sie sehr saubere, glatte Scheine. Stoßen Sie die Geldscheine und die Pappe an allen Seiten bündig. Sie müssen ganz genau übereinanderliegen. Befestigen Sie den Geldstapel an drei Seiten mit Tesafilmstreifen, die Sie auf der oberen Seite festkleben und stramm auf die Unterseite ziehen. Der Stapel darf sich jetzt nicht mehr verschieben lassen.

Die Klebeseite muß frei bleiben. Nun schneiden Sie einen Streifen Glanzkarton zurecht, der genauso breit ist wie die verwendeten Geldscheine. In der Länge rechnen Sie ungefähr 3 cm dazu. Bestreichen Sie nun die „Abrißseite" der Scheine sowie die dicke Pappe mit Buchbinderleim, und kleben Sie den Glanzkartondeckel bündig an. Den Überstand des Deckels biegen Sie als Buchrücken um und befestigen ihn auf der Rückseite mit Fotoklebern oder Buchbinderleim. Der Block muß nun eine Nacht trocknen, damit der Leim richtig durchhärtet. Am besten legen Sie zum Pressen noch ein dickes Buch auf den Block. Die Beschriftung nehmen Sie mit Abreibebuchstaben oder handschriftlich vor. Auch hier lassen Name und Geburtsdatum des Beschenkten das Geschenk persönlicher wirken.

Der Osterstrauß

- *5 Styroporeier*
- *Dünner Golddraht*
- *5 Schaschlikspieße aus Holz*
- *Seidenpapier in Lila und Weiß*
- *2 Scheine à 10 DM*
- *3 Scheine à 20 DM*
- *UHU-Alleskleber*

Schneiden Sie aus dem Seidenpapier 13 cm x 10 cm große Rechtecke.
Bestreichen Sie die Styroporeier mit Alleskleber, und rollen Sie diese gleichmäßig in Seidenpapier ein. Rollen Sie das Ei anschließend in ihren Händen, so daß die Falten des Papiers eng am Ei anliegen.
Falten Sie die Scheine (durch Umknicken der Ränder) zu Rechtecken mit einer Größe von 7,5 cm x 5 cm. Befestigen Sie die Faltungen auf der Rückseite mit Tesafilm. Aus dem Rechteck formen Sie nun eine Rolle. Halten Sie die Enden mit Tesafilm zusammen.

Drücken Sie die Rolle in der Mitte zu einer Schleife zusammen, und umwickeln Sie diesen Mittelteil mit Golddraht, so daß die Schleife in Form bleibt.

Tip: *Einfacher ist es, wenn Sie die Rolle erst mit einem dickeren Draht in Schleifenform bringen. Wenn Sie den Draht wieder entfernen, bleibt der Geldschein in der gewünschten Form.*

Wickeln Sie den Golddraht, bevor Sie ihn abschneiden, noch einige Male waagrecht und senkrecht um das Ei, und verschlingen Sie ihn auf der Rückseite zur Befestigung. Schneiden Sie nun Rechtecke mit einer Breite von 2 cm in der Länge des Schaschlikstabs aus dem Seidenpapier. Bestreichen Sie das Papier mit Alleskleber, und wickeln Sie den Stab fest ein. Der beklebte Stab wird von unten mit der Spitze mittig in das Ei gestoßen. Arrangieren Sie die Stäbe in einem Blumentopf, oder lassen Sie sie in einen Blumenstrauß einbinden, und schon haben Sie ein kostbares Ostergeschenk.

Tip: *Bringen Sie statt der Stäbe Fäden an, und hängen Sie die Eier an den Osterstrauß. Wie lange der Beschenkte wohl suchen muß, bis er sein „Osternest" findet?*

Die Krawatte

Das typische Herrengeschenk einmal anders

- 1 Bogen weiße Wellpappe, DIN A3
- Blumendraht (Ø 1 mm)
- 3 Knöpfe
- 4 Scheine à 10 DM
- 6 Scheine à 5 DM
- Nadel
- Messer

Falten Sie von den Geldscheinen den oberen und unteren Rand nach hinten, so daß Sie einen 3 cm breiten Streifen erhalten. Für den dritten Streifen von unten setzen Sie zwei Scheine der Länge nach mit Fotoklebern aneinander. Legen Sie die Streifen nun auf die Krawatte auf dem Vorlagenbogen. Beginnen Sie mit dem untersten Streifen, und markieren Sie auf dem Schein die Umrisse der Krawatte. Orientieren Sie sich dabei an den Linien, die Sie oberhalb und unterhalb des aufgelegten Streifens sehen können. Fahren Sie so Streifen für Streifen fort, und fixieren Sie das Ganze mit Tesafilm an den Seiten, die später nicht mehr zu sehen sind. Verbinden Sie die einzelnen Streifen auf der Rückseite mit Tesafilm.

Falten Sie nun die Ränder nach hinten. Achten Sie auf sorgfältige Knicke. Drücken Sie den Falz notfalls nochmals mit einem Messerrücken nach, so daß er ganz eng anliegt. Die Rückseite fixieren Sie mit Tesafilm.
Für den Krawattenknoten falten Sie einen Schein zu einem 4 cm großen Quadrat, knicken die unteren Enden schräg um die Krawatte und fixieren den Knoten mit Tesafilm.
Für das Hemd schneiden Sie ein 35 cm x 24 cm großes Rechteck zurecht. Die Brusttasche und den Kragen übernehmen Sie vom Vorlagenbogen. Den Kragen bringen Sie an, indem Sie die Klebelasche von unten mittig am Hemd fixieren. Der Kragen wird vorn geschlossen und gemäß Zeichnung mit einem Bürotacker oder einem Stück Draht befestigt.

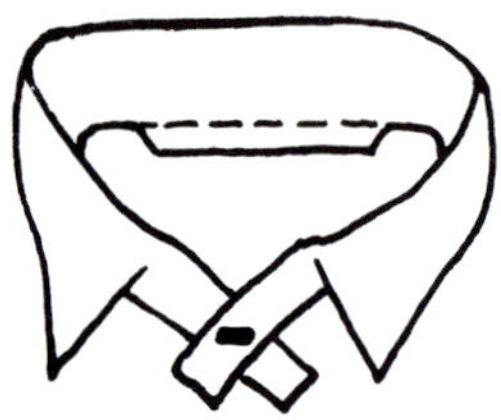

Tasche und Krawatte werden mit zusammengerolltem Tesafilm am Hemd fixiert. Um die Knöpfe zu befestigen, bohren Sie mit einer Nadel an den entsprechenden Stellen Löcher vor und ziehen Draht durch die Knopflöcher, den Sie auf der Rückseite des Hemdes verdrillen und flachdrücken. Flache Knöpfe können Sie auch mit Fotoklebern befestigen.

Das Schlafzimmer

Für grüne, silberne und goldene Hochzeiten

(Abbildung Seite 20/21)

Mit dem nötigen „Kleingeld" versehen, kann das Brautpaar ruhig schlafen.

- *Dünne Pappe, 20 cm x 28 cm*
- *Dicke Pappe, 18 cm x 25 cm*
- *Weiße Wellpappe, 7,5 cm x 61 cm*
- *1 Bogen Elefantenhaut, DIN A4*
- *Hellgrünes Stickgarn*
- *22 Scheine à 5 DM*
- *1 Schein à 10 DM*
- *Klebestift*
- *Küchen- bzw. Toilettenpapier*
- *Küchenmesser*

Bett: Übertragen Sie die Umrisse für den Unterbau vom Vorlagenbogen auf die dünne Pappe. Schneiden Sie die Form entlang der Linien aus, und ritzen Sie anschließend die gestrichelten Linien mit einem Messerrücken vorsichtig ein, damit sich die Pappe an diesen Stellen leichter knicken läßt. Falten Sie nun den Karton zu einem Grundgerüst gemäß Abbildung, und fixieren Sie es mit Tesafilm.

Falten Sie bei zwei Scheinen den unteren Rand so weit nach hinten, daß die rote Registriernummer nicht mehr zu sehen ist. Befestigen Sie den einen Schein mit Fotoklebern am oberen weißen Rand des anderen. Diese beiden Scheine fixieren Sie mit Fotoklebern auf dem oberen weißen Rand eines dritten, ungefalteten Scheins.
Knicken Sie nun den rechten weißen Rand aller drei Scheine nach hinten, und befestigen Sie ihn mit Tesafilm. Bringen Sie jetzt den gesamten Geldstreifen mit Fotoklebern mittig auf dem Pappgerüst an, so daß er beidseitig gleich weit übersteht. Den Überstand knicken Sie am Rand nach unten um und fixieren ihn mit Tesafilm an der Innenseite der Pappe.
Falten Sie den linken und rechten weißen Rand eines weiteren Scheins nach hinten, und befestigen Sie ihn mit Fotoklebern am rechten weißen Rand eines anderen Scheins. Diesen Vorgang wiederholen Sie einmal.
Für das Fußende des Bettes kürzen Sie den einen Scheinstreifen durch Umknicken des linken Randes auf 14,1 cm Länge und den anderen für das Kopfende auf 17,1 cm Länge. Befestigen Sie beide Streifen an den entsprechenden Stellen mit Fotoklebern:

Für die *Bettdecken* falten Sie alle weißen Ränder von vier Scheinen nach hinten, so daß Sie 5 cm x 8 cm große Rechtecke erhalten. Verbinden Sie jeweils zwei dieser Rechtecke an den Längsseiten und einer Querseite der Länge nach mit Tesafilm. Es entsteht eine Tasche, in die Sie Küchen- oder Toilettenpapier als Füllung stopfen. Nachdem die Bettdecken prall gefüllt sind, verschließen Sie auch die obere Öffnung sauber mit Tesafilm und drücken die Decken mit den Fingern ein wenig in Form.

Für die *Kissen* falten Sie zwei 4,5 cm x 8 cm große Rechtecke. Diese knikken Sie nochmals in der Mitte und verschließen beide Seiten mit Tesafilm. Füllen Sie die Kissen wie die Decken, und kleben Sie anschließend die Öffnungen zu. Befestigen Sie Kissen und Decken mit zusammengerolltem Tesafilm auf dem Bett.

Für die *Nachttische* teilen Sie zwei Scheine der Länge nach in vier gleiche Abschnitte und markieren diese auf der Scheinoberseite mit Bleistift (hier: 3,05 cm). Knicken Sie nun den oberen und unteren Rand der Scheine so weit nach hinten, daß Sie eine Scheinbreite von ebenfalls 3,05 cm erhalten. Fixieren Sie die Rückseite mit Tesafilm. Anschließend falten Sie den Streifen an den drei Markierungen zu einem offenen Würfel. Die beiden Enden verbinden Sie mit Tesafilm. Die Tischplatten falten Sie nach Vorlage (siehe Bogen) und fixieren diese am Tischunterteil von innen mit Tesafilm.

Für den *Lampenfuß* knicken Sie jeweils den oberen und unteren Rand von zwei Scheinen nach hinten, so daß Sie einen 2 cm breiten Streifen erhalten. Diesen Streifen rollen Sie lose zusammen und befestigen das Ende mit Tesafilm.

Für die *Lampenschirme* wiederholen Sie den ersten Schritt, achten Sie jedoch auf eine Breite von 2,5 cm. Falten Sie den Schein zu einer Ziehharmonika. Kleben Sie in die obere Hälfte der inneren Falten halbierte Fotokleber, und drücken Sie die Falten fest zusammen. Den so entstandenen Lampenschirm befestigen Sie mit zusammengerolltem Tesafilm am Lampenfuß. Die Lampe fixieren Sie mit Fotokleber am Tisch.

Für den *Teppich* falten Sie ein 4 cm x 6 cm großes Rechteck und befestigen auf der Rückseite mit Fotoklebern 1,5 cm lange Teppichfransen aus Stickgarn. Schneiden Sie den Bogen Elefantenhaut auf die Größe der dicken Pappe zurecht, und kleben Sie ihn mit Klebestift sauber auf. Für die Zimmerumrandung teilen Sie die Wellpappe durch Falten in drei Abschnitte (18 cm, 25 cm, 18 cm). Unten knicken Sie die Pappe 1,5 cm um, um sie an der Fußbodenpappe zu befestigen. Legen Sie nun den Wellpappestreifen um den Pappboden, und fixieren Sie ihn mit

Tesafilm von unten am Boden. An den Ecken schneiden Sie das umgeschlagene, 1,5 cm breite Stück jeweils ein, damit es sich bündig an die Fußbodenränder anfügt. Die Möbel und den Teppich befestigen Sie mit zusammengerolltem Tesafilm am Boden. (Anleitung „Buch", Seite 23) Abschließend können Sie noch ein Namensschild aus Tonkarton anbringen.

Tip: *Falls Ihnen das Zimmer zu teuer ist, ersetzen Sie einfach einige Geldscheine durch Papier.*

Die Strandmöbel
Die Gartenmöbel

Für Strand- bzw. Gartenliebhaber, Campingfans oder den Urlaub auf Balkonien

(Abbildung Seite 24)

- *Plastikschale/Pappdeckel*
- *Blumendraht (Ø 1 mm)*
- *Zirkel*

Sonnenschirm
- *1 Strohhalm mit Gelenk*
- *3 Scheine à 10 DM*
- *5 Scheine à 5 DM*

Liegestuhl
- *6 Scheine à 10 DM*
- *2 Scheine à 5 DM*

Tisch mit Buch
- *4 Scheine à 10 DM*
- *1 Schein à 5 DM*
- *1 Blatt Papier*

Falten Sie die sechs Dreiecke für den **Sonnenschirm** nach Vorlage (siehe Bogen). Die Beschreibung gilt für Fünfmarkscheine.
Die größeren Scheine legen Sie ab Arbeitsschritt 2 immer an der geschlossenen Kante Mitte auf Mitte und verfahren dann normal weiter. Die einzelnen Schirmteile befestigen Sie von innen mit Tesafilm fest aneinander.
Kürzen Sie den Strohhalm oben und unten entsprechend der Vorlage. Umwickeln Sie den Halm oberhalb des

Gelenks mit einem Schein in der Breite und unterhalb des Gelenks mit der Länge eines Scheins. Fixieren Sie den Halm im inneren Mittelpunkt des Schirms mit Tesafilm.

Für den **Liegestuhl** rollen Sie vier Scheine der Länge nach auf. In der Mitte befestigen Sie ein Stück Draht (siehe auch Seite 8), damit sich das Geld später besser biegen läßt. Von den vier Rollen setzen Sie jeweils zwei zu einem Rechteck zusammen. Nutzen Sie dazu die Vorlage auf dem Bogen als Muster. Die Rechtecke müssen unterschiedlich groß sein, damit man sie ineinanderstecken kann. Umwickeln Sie das Gestänge an den sich kreuzenden Stellen mit einem halbierten Streifen Tesafilm.

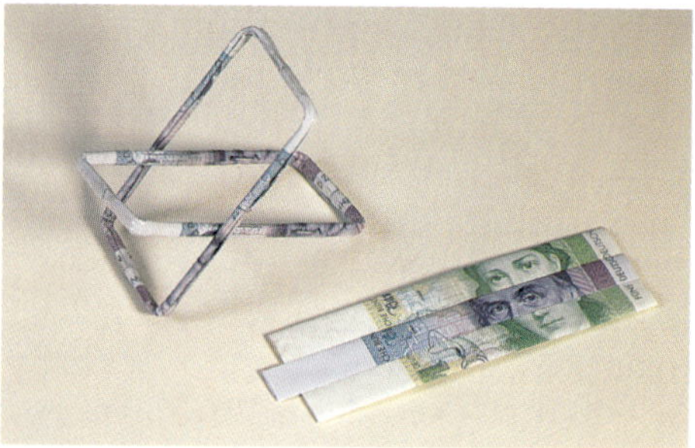

Für die Liegefläche falten Sie (wie in der Abbildung) 1 cm breite Streifen, und setzen sie auf der Rückseite mit

Tesafilm zusammen. Den gesamten Streifen knicken Sie erst um den oberen Bügel und dann, etwas eingeschlagen zur Sitzfläche, um den unteren Bügel. Auf der Rückseite fixieren Sie den Bezug sowohl mit Fotoklebern als auch mit Tesafilm.

Fertigen Sie ein **Kissen** (Anleitung Seite 12), und befestigen Sie es mit zusammengerolltem Tesafilm am Liegestuhl.

Für den **Tisch** setzen Sie mit Fotoklebern zwei Scheine aneinander. Vermeiden Sie weiße Ränder. Auf die farbigste Stelle zeichnen Sie mit einem Zirkel einen Kreis mit 6 cm Durchmesser. Knicken Sie den Schein in kleinen Abständen bis zur Markierung nach hinten, bis Sie einen Kreis erhalten. Die Rückseite fixieren Sie mit Tesafilm.
Für die Tischbeine rollen Sie wieder zwei Scheine, mit Draht in der Mitte, der Länge nach auf. Befestigen Sie immer die gesamte aufgerollte Längsseite mit Tesafilm, da sich die Rolle beim Formen sonst auflöst. Die Beine biegen Sie nach Vorlage (siehe Bogen) und befestigen diese an der Unterseite des Tisches mit Tesafilm.

Für das **Buch** falten Sie die Längsseiten des Scheins zur Mitte, so daß ein Drittel des Scheins verbleibt. Diesen Streifen falten Sie nach Vorlage (siehe Bogen) und Abbildung zu einem Buch. Zwischen die einzelnen Seiten setzen Sie jeweils einen Fotokleber. Bringen Sie einen kleinen weißen Papierzettel als Etikett an, und beschriften Sie diesen nach Wunsch.

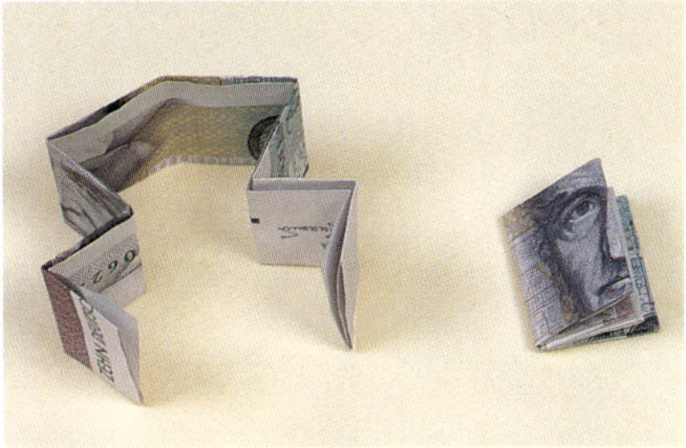

Die gesamten Möbel befestigen Sie mit Draht auf einer Plastikschale oder einem Pappdeckel. Legen Sie dazu ein Stück Draht in Schlaufen, und knicken Sie die Hälfte der Schlaufen zum Befestigen auf dem Untergrund um. Für die Tischbeine genügt eine Schlaufe (siehe Zeichnungen).

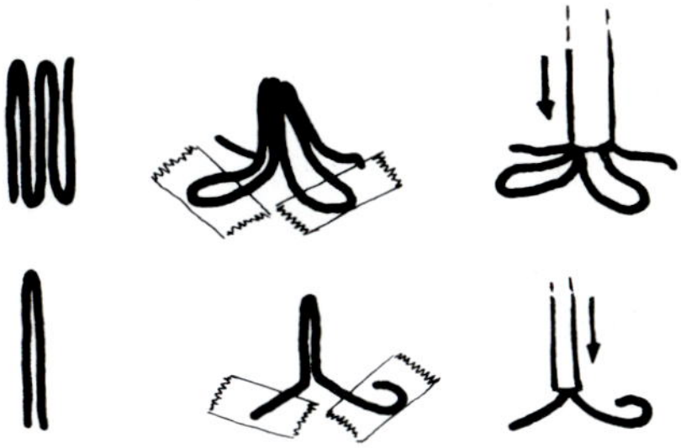

Tip: *Für einen Gartenfreund können Sie die Möbel in eine kleine, selbstgestaltete Gartenlandschaft stellen. Ein solches Geschenk ist auch eine nette Idee zum Ruhestand.*

1777–1855 Carl Friedr. Gauß

Der Strandkorb

Für Erholungssuchende oder zum Ruhestand

(Abbildung Seite 1 und Seite 25)

- *9 Scheine à 10 DM*
- *21 Scheine à 5 DM*
- *Küchen- bzw. Toilettenpapier*
- *Plastikschale/Pappdeckel*
- *Sand*
- *Muscheln oder Steine*

Beginnen Sie nach Vorlage (siehe Bogen) die einzelnen Streifen für das Dach und die Sitzfläche zu falten. Falzen Sie die Kanten sehr sauber und flach, damit die Streifen anschließend ohne Zwischenräume aneinanderpassen. Bevor Sie den vierten Arbeitsschritt bei den Sitzstreifen bzw. den fünften bei den Dachstreifen befolgen,

kleben Sie die Streifen in farblichem Wechsel auf der Rückseite eng zusammen.
Setzen Sie für die Rück- und die Innenwand des Strandkorbs jeweils zwei Scheine der Länge nach aneinander, und knicken Sie die Längsseiten nach hinten, so daß Sie ein Rechteck mit 8,9 cm Breite erhalten. Achten Sie darauf, daß möglichst keine weißen Ränder zu sehen sind. Befestigen Sie nun die Rückwand am Dach mit Fotoklebern.

Tip: *Falls Sie nicht soviel Geld anlegen möchten, können Sie z. B. für eine Geldsorte farbiges Papier benutzen (siehe Abbildung Seite 1).*

Für die schrägen Seiten des Strandkorbs knicken Sie einen Schein der Länge nach zur Hälfte und setzen ihn mit der geschlossenen Seite mit Fotoklebern auf einen weiteren, so daß sich eine Breite von 7,7 cm ergibt. Wiederholen Sie den Vorgang, und arbeiten Sie dann nach Vorlage (siehe Bogen) weiter. Falten Sie bei Arbeitsschritt 2 auf der linken und rechten Seite die Knicke nur ein, und kleben Sie sie nicht fest. Befestigen Sie mit Fotoklebern die umgebogenen Längsseiten von innen an der Rückwand und die Breitseite von innen am Dach. Anschließend setzen Sie die Innen-

wand mit Fotoklebern auf die Rückwand. So erhalten Sie auf allen Seiten saubere Abschlüsse.
Für die unteren Seitenwände falten Sie die Ränder eines Scheins nach hinten zu einem 7 cm x 4,5 cm großen Rechteck. Befestigen Sie die schrä-

gen Seiten auf den Seitenrechtecken mit Fotoklebern. Den Neigungswinkel erhalten Sie, indem Sie beide Teile auf die Vorlage auf dem Bogen auflegen.
Für den vorderen Teil unter der Sitzfläche knicken Sie zwei Scheine der Länge nach zur Hälfte und verfahren nach Vorlage (siehe Bogen) weiter. Die so entstehenden „Halbschalen“ bringen Sie vorne zwischen den Seitenwänden an.

Der Abstand von der unteren zur oberen Kante muß 3,8 cm betragen. Falten Sie nun drei Scheine der Länge nach zu 1 cm breiten Streifen, und bringen Sie diese an der rechten und linken Seite sowie in der Mitte zwischen den „Halbschalen“ an.

Auf diesen Unterbau kleben Sie mit zusammengerolltem Tesafilm das Sitzteil. Sollte es im hinteren Bereich zu lang bzw. zu kurz sein, korrigieren Sie die Länge durch erneutes Umfalten.

Für die Fußstützen falten Sie bei zwei Scheinen den linken weißen Rand nach hinten, so daß der Schein eine Länge von 8,5 cm hat. Knicken Sie nun die Linien gemäß Vorlage ein, und bringen Sie den Schein in die abgebildete Form.

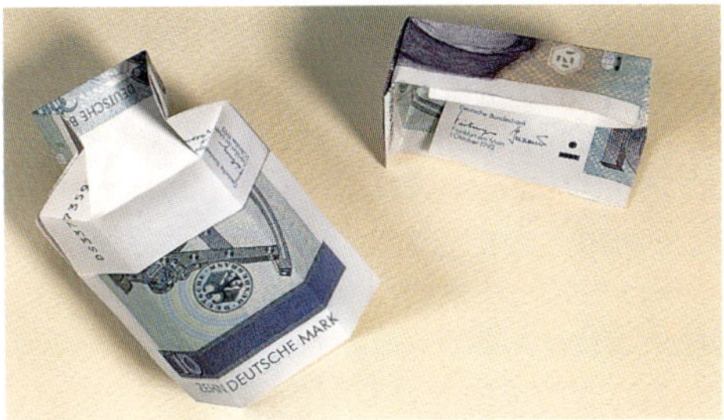

Für den rückwärtigen Stützteil des Korbes setzen Sie zwei Scheine der Breite nach aneinander, so daß Sie einen Streifen von 19 cm Länge erhalten. Falten Sie nach Vorlage (siehe Bogen) weiter. Befestigen Sie den oberen Falz von Arbeitsschritt 4 an der Rückwand des Korbes mit Fotoklebern und die Seitendreiecke an den geraden Seitenwänden.
Fertigen Sie ein Kissen (Anleitung Seite 12). Befestigen Sie es mit zusammengerolltem Tesafilm an der Sitzfläche. Wenn Sie möchten, können Sie zusätzlich ein Buch herstellen (Anleitung Seite 23) und ebenfalls auf der Sitzfläche mit Fotokleber fixieren.
Füllen Sie in eine Plastikschale oder in einen Pappdeckel Sand ein, und stellen Sie den Strandkorb in die Mitte. Wenn Sie ein paar Muscheln oder Steine zur Hand haben, nutzen Sie sie zum Dekorieren.

Der Leuchtturm

Für Ferien am Meer oder eine sichere Fahrt in den Hafen der Ehe

- *Papprolle, 20 cm lang, Ø 4,5 cm*
- *Papprolle, 6 cm lang, Ø 3 cm*
- *Blumendraht (Ø 1 mm)*
- *Zirkel*
- *Sand*
- *Plastikschale/Kartondeckel*
- *9 Scheine à 10 DM*
- *11 Scheine à 5 DM*

Falten Sie den rechten weißen Rand eines Geldscheins nach hinten, und befestigen Sie ihn mit Fotoklebern am linken weißen Rand eines weiteren Scheins. Knicken Sie den oberen und unteren Rand dieses Streifens so weit nach hinten, daß sich ein 4 cm breiter Streifen ergibt. Diesen Arbeitsschritt führen Sie fünfmal aus.

Befestigen Sie den ersten Streifen mit Tesafilm an einem Ende des großen Pappkerns, dann wickeln Sie ihn stramm um die Rolle. Das Ende fixieren Sie wiederum mit Tesafilm. Setzen Sie so Streifen für Streifen aneinander. Achten Sie darauf, daß keine Zwischenräume zu sehen sind und sich die Scheinenden immer an der gleichen Stelle treffen.

Für die Aussichtsplattform setzen Sie zwei Scheine mit Fotoklebern der Länge nach zusammen und zeichnen mit einem Zirkel einen Kreis von 8 cm Durchmesser auf. Knicken Sie den Schein in kleinen Abständen bis zur Markierung nach hinten, so daß sich ein Kreis ergibt (siehe auch Seite 5 und Seite 23). Die Rückseite fixieren Sie mit Tesafilm.

Für die Brüstung kleben Sie drei Scheine aneinander und bringen den Streifen durch Umfalten des oberen und unteren Randes auf eine Breite von 2,5 cm. Befestigen Sie diesen Rand mit kleinen Tesafilmstreifen Stück für Stück am Kreis (zur Hälfte an der Brüstung und zur Hälfte von innen auf der Plattform).

Kleben Sie in die obere Pappkernöffnung rund herum einen Tesafilmstreifen zur Hälfte ein. Den überstehenden Teil des Tesafilms nutzen Sie zum Anbringen der Aussichtsplattform.

Umwickeln Sie den kleinen Pappkern mit der Breitseite eines Scheins, und befestigen Sie diesen auf dem Kreis wie im vorherigen Arbeitsschritt. Die vier Dachpfannen falten Sie nach Vorlage (siehe Bogen). Wenn Sie größere Scheine verwenden, achten Sie darauf, diese beim zweiten Arbeitsschritt immer an der geschlossenen Kante mittig anzulegen. Befestigen Sie die vier Einzelteile von innen mit Tesafilm, so daß sich ein Dach ergibt. Stecken Sie ein Stück Blumendraht als Blitzableiter in die Dachmitte. Das Dach befestigen Sie mit zusammengerolltem Tesafilm an der kleinen Papprolle.

Fixieren Sie an dem großen Pappkern unten im Inneren an drei Stellen Drahtschlaufen, mit denen Sie den Turm auf dem gewünschten Untergrund festmachen können (siehe Seite 23). Am besten eignet sich der Deckel eines Wattestäbchenbehälters, den Sie hinterher mit etwas Sand füllen.

Tip: *Auch hier können Sie Geldscheine durch Papier ersetzen (zweiter Leuchtturm).*

Gute Reise
ALLES GUT
ZUR
HOCHZEIT
wünschen Euch
Meike und Udo
Ute und Martin
Carmen und Thorsten
Ramona und Andreas
Sabine und Frank
SCHWEIZ

Gute Reise
ÖSTERREICH
50
Alles Liebe
zum
Geburtstag

Glückwunschkarten

Als Reisegutschein, zu Hochzeiten und Geburtstagen

(Abbildung Seite 30/31)

- *Weißer Fotokarton*
- *Butterbrot- bzw. Transparentpapier*
- *Bastelmesser bzw. Skalpell mit geeigneter Schneideunterlage*
- *Abreibebuchstaben*

Deutschland:
- *8 Scheine à 5 DM*
- *5 Scheine à 10 DM*

Österreich:
- *2 Scheine à 100 Schilling*

Schweiz:
- *7 Scheine à 10 Franken*

Schneiden Sie für die Karte in der von Ihnen gewünschten Größe ein Rechteck aus Fotokarton zu, das Sie in der Mitte knicken.

Pausen Sie nun den Umriß des Landes Ihrer Wahl auf ein Stück Butterbrotpapier mit Bleistift ab. Legen Sie das Papier mit der bemalten Seite auf die Rückseite des Fotokartons, auf dem Sie das gewählte Motiv haben möchten, und zeichnen Sie die Linien nochmals nach. Der Umriß drückt sich so auf dem Karton ab. Schneiden Sie nun mit einem Bastelmesser oder einer kleinen Schere die Kontur sorgfältig nach. Durch das Pausen auf die Rückseite ersparen Sie sich das Radieren Ihrer Linien und vermeiden so unnötige Knicke im Karton.

Hinterlegen Sie das herausgeschnittene Land mit Geldscheinen. Reicht ein Schein nicht aus, setzen Sie mehrere Scheine aneinander (siehe Seite 18). Vermeiden Sie weiße Ränder. Suchen Sie sich die farbigsten Stellen der Geldscheine aus. Damit die Scheine haften, setzen Sie auf der Rückseite der Karte Fotokleber entlang den Umrißlinien.

Die Seite ohne Landkarte können Sie nach Belieben gestalten und z. B. die Rose von Seite 8 verwenden.

Anstelle der Blätter aus Geldscheinen (siehe Seite 8 und 10) können Sie auch frische oder künstliche Efeublätter verwenden.

Die Beschriftung nehmen Sie entweder von Hand oder mit Abreibebuchstaben vor. Zum Versäubern können Sie nochmals ein Rechteck wie zu Beginn ausschneiden und dieses an den Rändern auf der Kartenrückseite aufkleben.

Tip: *Manche Geldscheine haben Motive, die man zur Dekoration ebenfalls verwenden kann. Pausen Sie dazu das Motiv vom Schein ab, und übertragen Sie es auf die Rückseite des Fotokartons. Schneiden Sie es heraus, und legen Sie den Geldschein so dahinter, daß nur das von Ihnen gewählte Motiv zu sehen ist.*

Für Geburtstagskarten (siehe Titel) können Sie auch Jahreszahlen ausschneiden und hinterlegen.

Eine durchbrochene Borte bietet sich bei größeren Karten als Lückenfüller an. Entsprechende Vorlagen finden Sie auf dem beiliegenden Bogen.